Auguste Laugel

Darwin
et ses critiques

essai

ISBN : 978-1534718722

10 9 8 7 6 5 4 3 2 1

Auguste Laugel

Darwin
et ses critiques

essai

Table de Matières

Introduction   6

Chapitre I   7

Chapitre II   22

Introduction

Les discussions scientifiques n'ont pas souvent le don d'émouvoir les ignorants : aussi y aurait-il lieu de s'étonner de la popularité rapide du nom de Darwin et de l'émoi que ses idées ont jeté dans le monde philosophique, si l'égoïsme humain n'avait trouvé au fond de ses doctrines quelque chose qui l'intéresse et qui le touche de près. En essayant de résoudre le grand problème de l'origine des espèces, Darwin ne pouvait exclure en effet l'espèce humaine du sujet de ses recherches : son système n'est qu'une théorie nouvelle de la création, et, si la théorie est bonne, elle doit pouvoir s'appliquer à l'homme comme à tous les animaux. Sur ce point délicat, l'origine de l'homme, M. Darwin a eu beau rester sur la réserve et conserver un silence énigmatique, les commentateurs, les disciples d'une part, les adversaires de l'autre, ont poussé le système jusqu'à ses dernières conséquences logiques, et sur leur foi un grand nombre d'esprits croient ces conséquences injurieuses pour notre espèce, attentatoires à notre grandeur et à notre dignité. Savant modeste, laborieux et patient, vivant comme un sage dans sa terre de Kent, épiant les secrets des fleurs, des insectes, des oiseaux, Darwin n'avait jamais prévu les orages que devait soulever l'apparition de l'*Origine des espèces*. Il n'entendait pas plus fournir des armes à certain matérialisme grossier que troubler le repos de ces philosophies satisfaites qui brûlent sans cesse devant l'âme humaine un fade encens. La vraie science n'a point de parti-pris : elle se tient aussi loin d'un sensualisme qui n'aperçoit rien derrière les faits que d'une métaphysique qui vit dans les chimères.

Les critiques de Darwin appartiennent à deux classes. — Nous y distinguerons les philosophes et les naturalistes. Nous ne sommes pas de ceux qui pensent que la science doive rester absolument indifférente aux remarques de la philosophie. Celle-ci n'a, il est vrai, aucune prise sur ces sciences achevées et parfaites qui se nomment les sciences mathématiques : là tout est certain, précis, soustrait au doute, à l'interprétation ; mais, sitôt qu'on pénètre dans le domaine des réalités physiques, l'interprétation devient nécessaire. La vérité ne s'y présente plus sous des traits immuables, elle a une sorte de croissance, comme les œuvres vivantes elles-mêmes. Il n'y a rien à changer aux œuvres d'Euclide, aux théorèmes de l'algèbre ; il y

Auguste Laugel

a toujours quelque chose à modifier aux conceptions que nous nous formons des phénomènes matériels, surtout s'il s'agit de cette catégorie de phénomènes que gouvernent les lois mystérieuses de la vie. On fait de temps à autre des découvertes dans les sciences tout idéales qu'on nomme assez faussement les sciences positives ; mais ces découvertes ne modifient en rien celles du passé. Chaque découverte physique ou physiologique au contraire colore d'une lumière nouvelle toute la science de la matière animée. Les problèmes éternels qui se cachent derrière les phénomènes sont aujourd'hui ce qu'ils ont toujours été. La géologie plante des jalons dans l'effrayante longueur des temps antéhistoriques ; mais ces distances, si énormes qu'elles soient, s'évanouissent devant la simple notion de l'infini. L'astronomie jette sa sonde de plus en plus loin dans le ciel, mais peut-elle aller jamais aussi loin que la pensée ? La physique voit aujourd'hui dans la lumière, dans la chaleur, dans le magnétisme, dans l'affinité, dans la gravité, les jeux d'une même force soumise à d'éternelles métamorphoses ; mais que sait-elle sur la force même et sur la cause du mouvement ? Il y a une école scientifique qui s'enivre trop aisément de ses triomphes, et qui a perdu, pour ainsi dire, le sens de l'absolu. La lutte même et l'effort nécessaires pour les saisir attachent trop étroitement à quelques vérités partielles ceux qui ont su les démêler par l'observation et la discussion analytique des faits. Tirer de ces faits les enseignements les plus élevés qu'ils renferment n'en reste pas moins le rôle propre de la philosophie.

Chapitre I

Avant d'aborder l'examen des critiques soulevées contre Darwin, qu'on nous permette de rappeler sa doctrine. On peut admettre deux théories sur la création : ou elle est discontinue ou elle est continue. On peut imaginer, et c'est la forme que toutes les genèses ont d'abord revêtue, que la force créatrice, d'ordinaire inactive, se réveille de temps à autre pour donner naissance à des formes organiques nouvelles. De l'éternelle matrice sortiraient ainsi toutes faites et à leur heure des espèces végétales et animales complètes, achevées, semblables à des acteurs qui font leur entrée sur un théâtre. Ainsi s'expliquerait la succession des formes innombrables qui remplissent les archives géologiques de notre planète, ainsi s'expliquerait surtout l'apparition du couple humain, arrivé le dernier pour jouir d'une royauté que les âges lui avaient préparée. Ces vues, autrefois admises presque sans conteste, sont assurément devenues plus difficiles à soutenir depuis que la paléontologie a porté à un chiffre effrayant le nombre des espèces qui ont vécu sur la terre. Au lieu d'une création opérée par saccades, Lamarck imaginait déjà que l'œuvre créatrice avait pu être continue, que, sous l'influence de lois éternelles, toujours actives et sans interrègne, la population terrestre n'avait jamais cessé de se modifier. Les espèces d'aujourd'hui auraient pour aïeules les espèces dont les restes se retrouvent dans les couches terrestres. Les moules de la vie ne seraient jamais inflexibles, ils céderaient continuellement et insensiblement à la pression des forces ambiantes. Quelles sont pourtant ces forces invisibles qui ont le don de modeler à leur gré les formes de l'organisation ? Lamarck n'examine que celles qui agissent extérieurement sur l'être vivant, les influences du climat, du froid, de la chaleur, de l'altitude, de la nature du sol, de tout ce qu'on est convenu d'appeler le milieu physique. Le monde organique n'est pas seulement livré à ces forces externes, il porte dans son propre sein des causes de changement. Si on regarde toute la nature animée comme un seul être dont la vie est décomposée et morcelée en des millions de vies éphémères, toutes ces existences partielles réagissent sans relâche les unes sur les autres. De même que dans un système stellaire on ne saurait altérer le mouvement ou la masse d'un astre quelconque sans modifier l'équilibre de tous les autres, de même on ne peut imaginer aucun changement dans le monde organique qui n'exerce un contre-coup sur tout ce qui en fait partie. L'animal, la plante, ne sont pas seulement soumis à la tyrannie des agents inorganiques, ils subissent aussi celle de la flore et de la faune contemporaines. Lamarck s'est occupé du milieu physique, Darwin du milieu organique.

Le corps humain ne s'altère point d'une façon soudaine. Les changements y sont graduels ; ils se produisent d'abord sur quelques éléments anatomiques, puis s'étendent avec plus ou moins de vitesse. Il en est de même, d'après Darwin, dans le monde organique, et les variations spécifiques ne sauraient avoir d'autre point de départ que des variations individuelles. Examinons

Auguste Laugel

donc comment de la vie individuelle prise comme centre ont pu se propager, ainsi qu'autant de cercles de plus en plus élargis, les différences organiques que nous pouvons constater chez les animaux. Il est clair que, si chez l'individu même les variations étaient purement accidentelles, sans lien avec le passé ni avec l'avenir, elles ne serviraient qu'à ajouter quelques bigarrures inutiles au tableau de la nature ; mais rien n'est livré au hasard, et il existe une force qui veille à la conservation de toute variation qui se produit. Cette force n'est autre que l'hérédité. Les effets physiologiques de l'hérédité, de tout temps attestés par l'histoire des peuples, des races, des familles, ont été à notre époque analysés par une science rigoureuse. La puissance de cette force conservatrice des types est reconnaissable dans les traits purement extérieurs, la forme, la couleur, les fonctions, les organes, et aussi, comme l'a bien établi Darwin, dans les habitudes, dans le tempérament, dans les instincts. On pourrait aller plus loin et en reconnaître l'empire chez l'homme jusque dans le domaine de l'intelligence et de la vie morale. Nous ne considérerons ici que les effets les plus tangibles et, pour ainsi dire, les plus grossiers de l'hérédité. Une expérience quotidienne nous apprend que le mystère de la génération gît nonseulement dans la reproduction d'un certain type spécifique, mais encore dans la répétition des traits individuels, des particularités propres à une race, à une famille. Kant l'avait bien dit, la formation d'un être nouveau est une épigénèse ; le produit présent puise tous ses éléments dans les facteurs du passé. Il reste toutefois à franchir la distance qui sépare les variations individuelles et héréditaires des variations profondes et radicales qui servent de caractère à l'espèce. Comment la nature subit-elle d'aussi fortes déviations ? Darwin les explique par ce qu'il nomme la concurrence vitale, le combat pour l'existence.

L'existence des êtres vivants n'est pas une idylle, c'est une bataille. S'il arrive qu'une famille animale ou végétale se trouve héréditairement douée de quelque avantage particulier qui lui assure une domination plus facile, une nourriture plus abondante, des amours plus fécondes, elle étendra graduellement son empire, et petit à petit disparaîtront autour des nouveaux privilégiés de la nature les familles moins favorisées. Il faut bien comprendre ce que Darwin entend par le combat vital. « Nous voyons, écrit-il, la nature étincelante de beauté, et nous y apercevons en abondance tout ce qui peut servir à nourrir les êtres ; mais nous ne voyons pas ou nous oublions que les oiseaux qui chantent paresseusement autour de nous vivent surtout d'insectes et d'oiseaux, et sont ainsi toujours occupés à détruire. Nous oublions que ces chanteurs, que leurs œufs, que leurs nids, sont détruits par des oiseaux ou des bêtes de proie ; nous ne nous souvenons pas que la nourriture, qui est aujourd'hui abondante, ne l'est pas dans toutes les saisons. Quand on dit que les êtres luttent pour vivre, il faut entendre ce mot dans le sens le plus large et le plus métaphorique, il faut y comprendre les dépendances mutuelles des êtres et, ce qui est encore plus important, les difficultés qui s'opposent à leur propagation. Dans un temps de famine, on peut dire que deux carnassiers sont en lutte pour trouver de quoi soutenir leur existence ; on peut dire aussi que la plante jetée sur la marge du désert lutte pour vivre contre la sécheresse. Un arbuste qui donne annuellement un millier de graines lutte en réalité contre les plantes de même espèce ou d'espèces différentes qui déjà couvrent le sol. » On a vu s'introduire depuis un siècle dans l'élève des animaux une pratique qui porte le nom de *sélection*. L'éleveur surprend dans un individu un caractère spécial, il le suit dans une famille, il choisit avec soin les reproducteurs qui peuvent le transmettre, et obtient ainsi par de longs et patients efforts une variété nouvelle, une race. La nature inconsciente ne fait pas autre chose, suivant Darwin : dans ses opérations, la volonté humaine se trouve remplacée par la nécessité. L'homme fait des races artificielles, la vie crée des races naturelles. Elle exclut impitoyablement tout ce qui est faible, impuissant, morbide ; elle laisse l'empire aux plus prompts, aux plus forts, aux plus résistants. La variété, assurant de mieux en mieux sa prééminence, s'élève bientôt au rang et à la dignité de l'espèce, comme l'ébauche devient tableau. La nouvelle espèce régnera longtemps sans partage, parce qu'elle est en complète harmonie avec le milieu physique et le milieu organique ; mais que ces milieux viennent à changer, et les variations où toujours s'essaie la force créatrice se fixeront bientôt sur des races nouvelles qui à leur tour détrôneront les espèces dont le règne est fini. Il y a pourtant, Darwin l'a bien senti, quelque chose de trop simple, de trop nu dans une théorie qui ne rattache la création d'une espèce

Auguste Laugel

nouvelle qu'à l'apparition d'un caractère organique isolé. Si les espèces se transforment, ce n'est point par la simple juxtaposition d'un trait nouveau ; il faut que leur être entier subisse une façon de métamorphose ; mais la profonde unité de la vie suffit à mettre tous les organismes en harmonie. Cuvier avait déjà signalé la corrélation des organes. C'est en se fondant sur les inductions qu'elle fournit qu'il a opéré la reconstruction de tant de types aujourd'hui perdus. La corrélation n'existe pas seulement dans les espèces à l'état de repos, elle persévère quand l'espèce s'ébranle et se modifie ; elle devient alors ce que Darwin a nommé la *corrélation de croissance*.

Dans la vie des individus, on observe des coïncidences, des rapports souvent mystérieux entre le développement des fonctions et la structure d'organes ou de tissus qui souvent n'ont avec ces fonctions aucune connexion visible. C'est ainsi que la puberté va avec un changement du larynx et de la voix, avec un développement nouveau du tissu pileux. La corrélation de croissance soumet le développement des espèces à des règles semblables. Les moules organiques ne peuvent se déformer sur un point sans que des inflexions se produisent partout. Le principe de la corrélation vient ainsi en aide à la concurrence vitale pour expliquer la création des espèces nouvelles. Darwin l'utilise pour rendre compte de variations que rien ne rattache visiblement à la défense, à la conservation, à la propagation des êtres. La genèse d'une espèce suppose en somme dans cette théorie tout un enchevêtrement, une série de phénomènes. L'apparition d'un caractère nouveau chez un individu, la transmission héréditaire dans une famille, la fixation dans une race de cette particularité, le développement graduel de caractères divers liés à la variation primordiale par la corrélation de croissance, le triomphe de la race nouvelle sur les rivales qui lui disputent l'empire, telles sont les phases successives que présente la création d'une espèce. Dans cette théorie, il n'y a point en réalité d'abîme profond entre l'espèce et la variété ; celle-ci n'est qu'une espèce en cours de développement. Que faut-il à la nature pour renouveler entièrement la face de la terre ? Elle n'a besoin que du temps, qui n'a point de limites. La sélection que les éleveurs opèrent artificiellement produit sous nos propres yeux des merveilles ; mais combien ces métamorphoses sont insignifiantes auprès des œuvres de la sélection naturelle, qui n'a point de trêve, qui sans cesse élimine du monde organique les formes vieillies, qui n'agit pas seulement sur quelques caractères visibles et superficiels, mais qui descend aux profondeurs les plus secrètes de la vie !

Les adversaires mêmes de cette théorie ne sauraient nier qu'elle ait une simplicité, une ampleur saisissantes. La faune terrestre y apparaît comme une sorte de grand corps vivant qui rejette des molécules usées pour se rajeunir perpétuellement. Sans cesse modelé par la main invisible de la nature, il est toujours ancien et toujours nouveau. Cette doctrine a cependant soulevé chez les philosophes des objections que nous allons d'abord présenter. M. Paul Janet, dans ses études sur *le Matérialisme contemporain*, n'a point négligé de la discuter et l'a considérée dans ses traits généraux et ses tendances. Elle a été critiquée aussi dans un livre récemment paru en Angleterre sous ce titre un peu énigmatique : *le Règne de la Loi*. Le duc d'Argyle, qui en est l'auteur, est un de ces hommes d'état, dont le type n'est point rare dans son pays, qui consacrent à la culture des lettres les loisirs que leur laisse la politique. *Le Règne de la Loi* est une œuvre singulière, où les observations du naturaliste, très fines quelquefois et décrites avec beaucoup de charme, se mêlent aux plus hautes considérations philosophiques et même religieuses. On y sent partout les préoccupations d'un esprit qui voudrait ramener toutes choses, les phénomènes spirituels comme les phénomènes matériels, à certaines lois invariables que l'âme puisse considérer comme les desseins éternels de Dieu.

L'objection d'ensemble qu'on peut élever contre la théorie de Darwin, c'est qu'elle abolit l'idée de la création : elle donne tout au moins à la nature les moyens de faire sortir les espèces les unes des autres, et exclut par conséquent les interventions directes, répétées, miraculeuses et personnelles d'une puissance créatrice. Il est bien vrai que, même en l'adoptant, il reste à expliquer l'apparition des premières formes organiques, des types primordiaux d'où par une lente évolution sont sortis tous les êtres. Si leur genèse avait été spontanée, s'il y avait au sein de la nature inorganique des forces endormies qui à une certaine heure, en certaines circonstances, puissent créer une plante, un animal, comme nous voyons se former un cristal en vertu de certaines affinités chimiques, le miracle disparaîtrait entièrement de la création ; mais une science sévère repousse encore la doctrine de la génération spontanée,

Auguste Laugel

et rien n'autorise à admettre que les premiers êtres vivants soient sortis de l'inertie inorganique par l'action des forces qui nous sont connues. M. de Candolle, le savant botaniste de Genève, esprit prudent et presque timide qui s'est laissé pourtant entraîner aux idées de Darwin, l'a dit avec raison : « la probabilité de la théorie de l'évolution devrait frapper surtout les hommes qui ne croient pas à la génération spontanée. »

Qui ne voit pourtant que, si le fil de la création reste suspendu dans la théorie de Darwin à quelque chose d'inconnu, il reste du moins solide et entier dans toute la longueur, tandis que dans la théorie de la création discontinue il se rompt en une multitude de parties ? D'un côté, il y a un seul mystère, un seul miracle, si l'on veut employer ce mot ; de l'autre, il y a un miracle toujours répété, pour chaque misérable mollusque, pour chaque herbe, chaque insecte, chaque forme organique nouvelle. Il y aura toujours des voiles entre la nature et l'homme, mais il n'est pas nécessaire de les multiplier, d'en superposer les plis. Les mots, qui devraient être les serviteurs de la pensée, en deviennent trop souvent les tyrans. On parle de miracle, comme si le miracle pouvait être autre chose qu'un phénomène dont la loi est inconnue. L'ordre humain peut être violé, l'ordre universel ne saurait l'être. La puissance créatrice n'a ni caprices ni fantaisies. « La prétendue séparation, dit avec beaucoup de raison le duc d'Argyle, entre ce qui est dans la nature et ce qui est hors de la nature est un démembrement de la vérité. » Que la création soit continue ou discontinue, elle n'achève ses ouvrages qu'en usant de lois éternelles ; la théorie de Darwin, loin donc d'être la négation de l'ordre universel, est une affirmation de cet ordre : elle ne relègue point les forces créatrices hors de la nature, elle leur asservit la nature en tout temps, en tout lieu, comme une argile molle qui serait perpétuellement modelée par une inspiration sans trêve.

Une objection plus sérieuse a été développée par le duc d'Argyle. Admettons avec Darwin qu'un caractère organique nouveau, qui d'abord est le propre d'un individu, se transmette à ses descendants, qu'ainsi se forme une variété, que cette variété triomphante se fixe et devienne une espèce. On pourra toujours se demander d'où a surgi le nouveau caractère qui a servi de point de départ à la genèse de cette espèce. L'hérédité conserve les formes organiques, elle ne les crée pas. Le titre même de l'ouvrage de Darwin est donc erroné, car en réalité sa doctrine, fondée entièrement sur la transmission héréditaire des caractères, traite de la conservation, non de l'origine des formes organiques. Elle n'explique point comment les variations se produisent chez les êtres vivans, elle explique seulement à la faveur de quelles circonstances elles se perpétuent, et d'individuelles deviennent spécifiques. La sélection naturelle ne façonne point les matériaux de la vie, elle ne peut qu'exclure les uns, garder les autres. Darwin traite de l'espèce comme si à l'origine elle était un pur *hasard* et non pas une chose nécessaire. Il dit quelque part : « Je ne crois à aucune loi de développement nécessaire ; » ailleurs il est moins absolu et se contente de dire : « Notre ignorance des lois de variation est profonde. » En attribuant l'apparition de caractères nouveaux à un accident, à un caprice de la nature, il désire qu'on sache qu'il veut simplement « reconnaître notre ignorance de la cause de chaque variation particulière. » Toute sa doctrine a pour point de départ la modification des formes, mais elle n'explique point comment cette modification se produit.

Cette objection méritait d'être posée ; voici toutefois ce qu'on peut répondre. Sans doute, pour établir une théorie complète de l'origine des espèces, Darwin aurait dû remonter à l'origine de toute variation et la chercher dans les lois mêmes de l'organisation. Il ne l'a point fait, et cette tâche, il faut le reconnaître, est plutôt dévolue aux physiologistes qu'aux naturalistes. Habitués à scruter les fragiles édifices des tissus, à suivre les délicates métamorphoses des éléments anatomiques, les physiologistes ne sauraient attribuer à la forme, à la structure des êtres vivants une inflexible rigidité. Ceux qui se demandent comment l'espèce peut varier oublient trop que l'individu lui-même varie sans cesse : depuis la naissance jusqu'à la mort, l'animal n'est pas deux années, deux jours, deux heures durant absolument le même. La molécule vivante, ce petit édifice complexe que nous appelons l'élément anatomique, n'est pas un corps inaltérable ; il a sa naissance, sa croissance, son histoire, ses phases de dépérissement. Les globules rouges ou blancs du sang ne sont point identiques chez l'enfant, chez l'adulte, chez le vieillard. L'individu se modifie sans cesse, première cause de variation dans les organismes. Il y en a une seconde, la différence des deux sexes. L'homme, ce n'est pas seulement Adam, c'est Adam et Ève. La science ne peut discerner nettement ce qui appartient dans un être nouveau à l'élément mâle et à l'élément femelle ; mais l'expérience la plus vulgaire permet de reconnaître que l'hérédité ne puise pas tous ses traits d'un seul côté, qu'elle combine, mélange en toutes proportions les caractères des aïeux. On peut soutenir, il est vrai, que ces fusions, ces échanges, doivent contribuer à ramener à une sorte de moyenne les modifications : c'est là, suivant nous, une vue trop étroite des choses, et il peut se présenter des circonstances où les effets de l'hérédité deviennent au contraire cumulatifs et servent à fixer des traits d'abord éphémères. Deux forces peuvent s'ajouter aussi bien que se retrancher : si deux parens possèdent la même particularité, il y a chance pour qu'elle soit encore plus marquée dans leur progéniture. Loin donc de s'étonner qu'il surgisse des variations dans la nature organique, on devrait peut-être s'émerveiller de voir qu'elle reste si servilement fidèle à ses desseins, et jette les êtres dans des moules si uniformes. La variation n'est point hasard, exception ; elle est plutôt la règle.

Mais, dira-t-on, qu'est-ce que cette métamorphose dont les phases se comptent par millions d'années et qui a fait passer l'animalité des formes dégradées dont quelques rudiments se retrouvent dans les terrains siluriens aux formes si riches et si variées des êtres qui vivent aujourd'hui ? Y a-t-il un sens, un dessein, dans ce long drame qui a eu des myriades d'acteurs ? Faut-il chercher une pensée, une unité secrète dans cet interminable *devenir* ? La loi qui de ses mains toutes-puissantes et cachées pétrit éternellement les éléments de la vie est-elle le ministre d'une pensée divine ? ou ne faut-il voir en ces perpétuels changements qu'une suite de hasards et d'aveugles fatalités ? C'est ici qu'une doctrine que des esprits alarmés confondent avec un matérialisme grossier peut s'élever au contraire d'un coup d'aile aux hauteurs les plus élevées du spiritualisme. Les choses visibles passent, les invisibles demeurent. Les choses visibles, ce sont les corps, les individus, les variétés, les espèces, les genres, les familles ; les choses invisibles, ce sont ces types immortels auxquels s'attache la divine esthétique de la création.

Je discutais un jour, qu'on me pardonne ce souvenir personnel, avec Agassiz cette grande question. Il défendait avec une éloquente chaleur le dogme de l'immutabilité des espèces : il accumulait les arguments paléontologiques, zoologiques, géologiques, lorsque, prenant tout d'un coup un accent plus ému : « Les espèces, me dit-il, sont pour moi les caractères d'un alphabet incompréhensible. Les efforts du génie littéraire, les inspirations de la poésie, sont-ils gênés par la fixité des caractères dont se composent les mots ? Avec quelques lettres, toujours les mêmes, l'homme réussit à rendre toutes ses pensées. Nous ne comprenons point cette langue supérieure que parle la création visible ; mais tenez pour certain que les espèces ne sont pas autre chose que les caractères de cette langue. Les lettres sont inaltérables, le discours est toujours nouveau. » Je fus très frappé de cette comparaison ; mais les découvertes mêmes d'Agassiz peuvent fournir des arguments à ceux qui soutiennent que les espèces ne sont point absolument indépendantes les unes des autres et se rattachent par une filiation secrète. Agassiz a montré que les poissons du temps dévonien[1] ont les formes et la structure des embryons de nos poissons actuels ; il semble donc que la succession des formes organiques dans une même classe, dans une famille, dans un genre, soit une sorte de longue embryogénie. Dès lors comment se refuser à regarder les espèces comme solidaires ? Les êtres vivants ne sont pas seulement semblables aux caractères jetés sur une planche d'imprimerie ; la rigidité des symboles dont se composent les mots des langues humaines est non pas une perfection, mais une imperfection : la langue de la création ne s'enferme point dans des figures inaltérables, et les moyens d'expression qu'elle emploie peuvent sans doute toujours changer.

La théorie de la création continue trouve un puissant appui dans toutes les découvertes de la géologie : on ne peut plus nier aujourd'hui qu'il y ait eu une progression continuelle, dans le développement des formes organiques à la surface de la terre. Ce sont les types les plus humbles, les plus bas qui apparaissent les premiers. La vie multiplie graduellement ses organes, les spécialise ; les fonctions se séparent, la sensibilité s'aiguise, trouve des instruments de plus en plus délicats. Sur le tronc d'abord informe de la vie surgissent des branches, sur les branches des feuilles, après les feuilles les fleurs. Si mutilée que soit la liste des anciennes espèces, la loi de la

---

1 Les terrains dévoniens sont ceux dont le dépôt a immédiatement précédé la formation des terrains houillers.

Auguste Laugel

continuité y est si visible que tout être nouvellement découvert y trouve une place toute prête. Il n'y a rien d'arbitraire dans la nature ; on y sent je ne sais quelle profonde et puissante logique qui se fait toujours obéir. « Malgré les objections nombreuses que nous avons élevées contre la théorie de Darwin, écrit M. Janet en terminant sa critique, nous ne prenons pas directement parti contre cette théorie, dont les zoologistes sont les vrais juges. Nous ne sommes ni pour ni contre la transmutation des espèces, ni pour ni contre le principe de l'élection naturelle. La seule conclusion positive de notre discussion est celle-ci : aucun principe jusqu'ici, ni l'action des milieux, ni l'habitude, ni l'élection naturelle, ne peut expliquer les appropriations organiques sans l'intervention du principe de finalité. L'élection naturelle non guidée, soumise aux lois d'un pur mécanisme et exclusivement déterminée par des accidents, me paraît, sous un autre nom, le *hasard* d'Épicure, aussi stérile, aussi incompréhensible que lui ; mais l'élection naturelle, guidée à l'avance par une volonté prévoyante, dirigée vers un but précis par des lois intentionnelles, pourrait bien être le moyen que la nature a choisi pour passer d'un degré de l'être à un autre, d'une forme à une autre, pour perfectionner la vie dans l'univers et s'élever par un progrès continu de la monade à l'humanité. »

L'aveu est d'autant plus précieux à recueillir que M. Darwin, en parlant des variations organiques comme de hasards, d'accidents, avoue que par là il exprime seulement son ignorance de la loi mystérieuse de la création. S'occuper des causes secondes, ce n'est pas nier qu'il y ait des causes premières. Toute science est idéale en dépit d'elle-même : l'anatomie devient métaphysique quand elle ramène toutes les formes à des types, quand elle identifie l'aile de l'oiseau, la nageoire de la baleine, la main de l'homme ; elle est métaphysique toutes les fois qu'elle parle des homologies animales ou végétales, et cherche des correspondances qui sont non point fonctionnelles, mais rationnelles ; elle l'est encore, quand elle parle des organes rudimentaires, organes sans emploi, simples témoins de la fidélité de la nature à certains types absolus. La théorie de Darwin n'exclut point la finalité de la nature ; bien plus, elle donne à cette finalité un sens beaucoup plus profond que certaines doctrines qui ne regardent qu'aux apparences. Si l'on admet que toute forme organique ait été créée directement, elle doit contenir en soi tout ce qui lui est nécessaire et rien que ce qui lui est nécessaire. Dès lors comment expliquer par exemple que les mammifères du sexe masculin aient les rudiments de mamelles inutiles, que certains oiseaux aient des ailes sans pouvoir voler, que l'appareil floral chez certains végétaux soit construit de façon à rendre la fécondation particulièrement difficile. Toutes ces singularités qui déroutent les partisans des causes finales, telles qu'autrefois les comprenait une philosophie trop ignorante, ne sont point faites pour embarrasser les partisans de l'évolution organique. Ces défectuosités, qui sont l'héritage du passé, sont enveloppées dans une finalité plus haute que celle qui s'applique seulement aux individus. Toutes les anomalies rentrent dans une loi générale. Ce qui aujourd'hui ne sert plus a servi autrefois : les caractères qui naguère profitaient à l'organisme ne sont point supprimés d'un coup, ils ne s'altèrent que par degrés et résistent longtemps aux influences qui les condamnent à l'inertie. L'individu, l'espèce, le genre, la famille, sont comme autant de cercles de plus en plus étendus : la doctrine des causes finales se heurte à d'insurmontables difficultés quand elle s'épuise en quelque sorte sur l'espèce : elle ne trouve son sens véritable qu'en l'appliquant à l'œuvre entière de la création.

Il n'y a en vérité aucun lien forcé entre la théorie de Darwin et un matérialisme qui regarderait l'histoire du monde vivant comme une succession anarchique de causes et d'effets, sans choix, sans direction, sans but. On peut épouser les idées du naturaliste anglais sans renoncer à reconnaître une fin dans la nature, un progrès dans la création. Darwin ne cherche en somme à éclaircir que la façon dont se propagent les variations ; il n'en étudie ni la genèse, ni l'ordre chronologique, ni les rapports mutuels. Pourtant, quand il parle de corrélation organique, n'avoue-t-il pas implicitement que toutes les variations qui impriment à la vie des caractères changeants sont reliées par une loi supérieure ? Il est incontestable que, dans l'exécution de ce grand dessein, l'élection naturelle, c'est-à-dire l'élimination des faibles par les forts, joue un grand rôle, peut-être un rôle prépondérant. On peut toutefois se demander si cette lutte brutale est le seul moyen qu'emploie la puissance secrète qui s'y manifeste. N'y a-t-il point d'autre ministre de cette volonté immanente à l'ensemble du monde vivant, qui en détermine les

Auguste Laugel

formes, les instincts, les harmonies complexes, les corrélations sans nombre ? Ce n'est point l'avis du duc d'Argyle. Il oppose à cette prétention un argument que je n'ai rencontré chez aucun des adversaires de Darwin. Suivant lui, la théorie de ce naturaliste ne serait autre que la théorie de de l'*utile* appliqué à la nature. La sélection naturelle repose en effet tout entière sur la possession de caractères défensifs ou offensifs, utiles dans la mêlée et la bataille des espèces ; mais dans le monde vivant il y a autre chose que l'utile, il y a le beau. Les espèces ne se caractérisent pas seulement par des traits qui témoignent de la force, de l'adresse, de certaines aptitudes avantageuses pour elles ; elles se distinguent aussi, comme les œuvres de l'art humain, par des traits qui ne parlent qu'à notre esthétique instinctive. On n'aperçoit point l'emploi, l'usage de mille détails charmants, de tant de caprices infinis de la forme et de la couleur qu'on découvre au monde des fleurs, des oiseaux, des insectes. À quoi servent, dans la lutte des espèces, tant de grâces sans rapport avec l'accomplissement des fonctions de la vie ? Dans un chapitre où abondent les plus fines observations, le duc d'Argyle étudie le vol des oiseaux : il ne regarde là qu'à l'*utile*, il fait ressortir l'admirable corrélation entre les moyens et le but, entre l'organe et la fonction. Ailleurs il décrit le luxe de montre, le luxe inutile du plumage des colibris. Un ornithologiste, M. Gould, qui a particulièrement étudié ce groupe d'oiseaux, y compte quatre cent trente espèces, et il en reste encore beaucoup à découvrir dans l'Amérique centrale. Ces petits êtres se classent non-seulement par les caractères des organes, du bec, des ailes, mais encore par le coloris. La fantaisie créatrice semble s'être complu à les orner de toutes façons ; elle s'est exercée tantôt sur la tête, qu'elle couronne d'aigrettes, tantôt sur la gorge, qu'elle ceint de colliers, tantôt sur la queue, où se détachent des plumes de toute longueur. Comme un lapidaire, elle a semé sur leurs ailes frissonnantes le rubis, la topaze, l'émeraude et le saphir. Comment le principe de l'élection naturelle expliquera-t-il cette richesse inouïe de tons, ces irisations prodigieuses ? Dans le règne animal, on découvre encore une sorte d'utilité indirecte à la pure beauté, en ce qu'elle peut servir à stimuler l'ardeur des sexes différents et contribuer ainsi à la perpétuité de la vie ; mais en quoi la beauté peut-elle influer sur les froides amours du règne végétal ? Les étamines, les pistils, sont prisonniers et ne peuvent se chercher ; le vent, les insectes, portent au hasard le pollen fécondant. Pourtant la nature a logé les organes de la reproduction végétale au sein de ses ouvrages les plus délicats, elle y a versé ses plus doux parfums, elle y essaie toutes les symétries de la forme, toutes les hardiesses de la couleur. La théorie de Darwin considère les espèces comme des armées toujours en guerre : elle ne regarde donc qu'à leurs armes, c'est-à-dire aux organes ; elle oublie le beau, l'ornement, le style, elle est donc incomplète, au dire du duc d'Argyle. Suivant lui, on n'aurait qu'une idée étroite et insuffisante de la puissance créatrice en la montrant sans cesse asservie à l'action et en refusant de reconnaître dans ses œuvres l'expression d'un idéal de beauté souvent incompréhensible à l'homme, mais quelquefois en harmonie visible avec nos instincts esthétiques.

Darwin n'admet pas que rien ait été fait beau pour plaire aux yeux de l'homme, et l'on ne peut nier que les faits ne lui donnent raison à cet égard d'une manière éclatante. La terre était déjà parée longtemps avant que ses merveilles pussent avoir notre espèce pour témoin. Les formes fossiles sont tout aussi admirables que les formes vivantes. Aujourd'hui même que de richesses pour nous perdues ! Le poète Gray l'a dit :

Many a flower is born to blush unseen !

Plus d'une fleur est née pour rougir loin de tout regard. Le naturaliste anglais va plus loin. Pour lui, le beau ne peut être dans la nature autre chose qu'un moyen, il ne saurait être un objet, une fin. Les philosophes ont toujours incliné à penser que les lois de symétrie, d'harmonie et de proportion, qui constituent les lois de la beauté, ont pour origine les corrélations que notre esprit perçoit entre la forme et la destination d'un objet. Platon et ses élèves ne séparaient pas le beau de l'utile dans les œuvres de l'homme ; pour eux, la beauté y traduit toujours une nécessité, une convenance, un but. Les savants qui examinent de près l'œuvre de la nature ne sauraient penser là-dessus autrement que les philosophes. Bien que ces rapports entre la fin et les moyens y soient souvent moins visibles et même impossibles à découvrir, il n'est pas rare d'y saisir l'utilité, l'avantage immédiat d'une forme ou d'une coloration qui au premier abord eussent pu ne sembler que belles. Le duc d'Argyle cite lui-même des exemples où il s'établit une coïncidence presque

Auguste Laugel

parfaite entre la couleur des animaux et le milieu où ils vivent. La couleur n'est plus alors un ornement, c'est une protection contre l'ennemi. Les plumes du *ptarmigan* (gibier écossais très estimé) changent de nuance avec les saisons ; l'été, d'un gris de perle qui se marie admirablement avec les lichens des montagnes, elles deviennent l'hiver blanches comme la neige. La bécasse, chassée en automne, a toutes les nuances brunes, jaunes et cendrées des feuilles mortes. Dans le plumage de la bécassine s'insère une série remarquable de plumes couleur paille qui la rend plus difficile à apercevoir sur les terrains où elle a coutume de poser. Quelquefois la couleur et l'ornementation sont utiles à la fois pour l'attaque et pour la défense. C'est le cas de certains insectes dont la structure imite parfaitement celle des fleurs sur lesquelles ils se posent. On en trouve de nombreux exemples parmi les orthoptères, notamment dans quelques genres des *mantidœ* et des *phasmidœ*. Sans s'écarter du plan général sur lequel elle construit tous les insectes, la nature semble s'être complu à en faire des fleurs vivantes ; elle a donné les mêmes formes et les mêmes couleurs aux voraces *mantis* et à des plantes paisibles. La ressemblance est telle que les dessins légers de l'aile du mantis rappellent exactement les nervures de la feuille. L'utilité n'est pas toujours aussi clairement perceptible dans le beau, tel que nous le trouvons dans le monde organique. Ce qu'on peut affirmer, c'est que la corrélation des organes joue ici un rôle important et mystérieux. Quelques indices de cette corrélation que les observateurs sont parvenus à démêler en font entrevoir, sans les expliquer, les effets bizarres : pourquoi, par exemple, la surdité va-t-elle toujours chez les chats avec la couleur bleue d'un des iris ? pourquoi la couleur écaille de tortue ne se voit-elle chez ces animaux que dans le sexe femelle ? L'être vivant est un petit monde où tout se lie, se ramifie, se correspond. Les variations d'un organe, d'un système d'éléments anatomiques, d'une fonction, exercent une action sur toutes les parties du système. L'estomac bizarre des ruminants va toujours avec le pied fourchu ; un seul os permet à l'anatomiste de préjuger la forme générale de tout le squelette.

Oui, sans doute, l'élection naturelle, par où Darwin cherche à expliquer les métamorphoses du monde organique, laisse tout à fait inexpliquées des modifications qui s'opèrent dans cette partie des organismes dont l'utilité fonctionnelle n'est point visible ; mais, pour que l'argument du duc d'Argyle triomphât de la théorie de Darwin, il faudrait qu'on put définir nettement où commence et où finit l'utile, où commence et où finit le beau dans la nature. La vie, mystère éternel, ne peut être interprétée avec une fidélité parfaite. Il y a des phénomènes qui semblent exceptionnels, étranges, presque absurdes, et qui sont tout simplement comparables à ces perturbations qui ont dérouté les astronomes jusqu'à ce que la loi de Newton en eût dévoilé le caractère, les règles et la nécessité. S'il est un principe dont la science moderne doive s'attacher à suivre partout les conséquences, c'est le principe de la permanence et de l'indestructibilité de la force. L'être vivant doit être considéré comme un réservoir d'énergie où certaines fonctions trouvent leur aliment ; on ne peut donc imaginer aucune variation dans les fonctions qui n'aboutisse à une métamorphose dans les organes.

Chapitre II

Il est temps d'entrer dans le domaine plus humble de l'expérience. Il ne suffit point qu'une philosophie large et compréhensive n'ait pas d'objections à opposer à la théorie de la création continue ; il faut examiner si cette théorie soutient l'examen scientifique, si les faits recueillis par l'observation lui sont favorables ou contraires. Dans l'examen des objections purement scientifiques faites à la doctrine de Darwin, notre tâche sera facilitée par l'apparition d'un livre publié tout récemment : *la Variabilité des espèces et ses limites*. L'auteur, M. Faivre, professeur de botanique à la faculté de Lyon, possède une science aussi variée que profonde. Son livre, auquel on peut reprocher de manquer çà et là d'art et de proportion, a le mérite d'être un catalogue très complet et très fidèle de tous les faits qui touchent à la question de l'origine des espèces. Il est regrettable toutefois que les faits paléontologiques soient passés sous silence. Toutes les inductions de l'auteur sont tirées des phénomènes actuels, et il s'est privé des enseignements du passé sans limites dont les couches terrestres recèlent les précieux débris. Dans l'horizon étroit où il s'est placé, il a du moins tout aperçu et tout décrit avec une minutieuse fidélité. Nous allons d'abord présenter avec détails, et sans chercher à les affaiblir, les observations et les raisonnements par lesquels il défend sa thèse, qui est l'immutabilité des espèces ;

Auguste Laugel

nous nous réservons ensuite de la discuter et de conclure, après avoir mis sous les yeux du lecteur tous les éléments du débat, tel qu'il est aujourd'hui pendant entre les naturalistes, les géologues et les philosophes.

Dès le début, il se sent obligé d'agrandir la définition et les limites de l'espèce : il ne la présente plus comme une forme absolument invariable, asservie à une fixité absolue. L'espèce en effet a un polymorphisme normal et propre qui se manifeste de diverses façons. En premier lieu, les individus qui sortent de la même souche ne sont jamais identiques, ce qui se voit sur les enfants d'une même famille, sur les petits d'une même portée, sur les produits d'un même pied végétal ; tout être vivant, végétal ou animal a son idiosyncrasie, pour employer une expression des médecins, qui s'accommode avec les besoins généraux de l'espèce. En second lieu, l'unité de l'espèce embrasse deux sexes ; or les sexes sont toujours dissemblables, et parfois les différences deviennent très profondes : les mâles, les femelles, ont une livrée différente. Chez les insectes et les oiseaux surtout, la nature a rendu ce dualisme aussi saisissant que possible ; elle ne s'est pas bornée à dissocier les formes, la taille, les couleurs, elle a tenu séparées certaines fonctions ; la femelle du ver luisant ne peut voler, elle ne cherche pas le mâle, agile et ailé ; elle l'appelle, immobile, par sa mystique et phosphorescente lueur. Darwin a reconnu le polymorphisme sexuel sur les primevères, les lins, les menthes : le groupe si bizarre des orchidées a permis de distinguer aussi des variations qui ne tiennent qu'au sexe ; mais deux formes ne suffisent pas toujours à la nature pour représenter une espèce : il lui faut quelquefois plusieurs acteurs. C'est ainsi que sous ce mot spécifique, abeille, nous devons comprendre quatre formes : la reine, qui pond les œufs, les mâles, qui les fécondent, les neutres ou nourrices, qui soignent les larves, les cirières, qui font métier d'architectes. Sous ce mot, termite, il faut voir huit formes, car les rois, les reines, les ouvrières, les soldats, se dédoublent. Pour figurer le termite, il faut huit dessins différents. Un troisième genre de polymorphisme normal, qui n'a pas toujours été connu des naturalistes, a été nommé par M. Faivre le polymorphisme d'évolution. Je viens de dire que l'espèce est parfois simultanément représentée par des acteurs ou personnages divers ; mais il peut arriver que ces acteurs n'apparaissent pas à la fois et se succèdent chronologiquement : ils ne semblent vivre que pour se transformer, et l'histoire de l'espèce devient une succession de métamorphoses. La ressemblance, chez les méduses par exemple, n'est plus entre les pères et les fils, elle est entre les petits-fils et les aïeux. L'unité de l'espèce n'est toutefois pas atteinte, parce que le cycle des métamorphoses se referme, et dans les cas les plus complexes de la génération alternante on retrouve toujours un parent qui produit un germe d'après les lois de la sexualité. Toutefois l'étude de ces cycles naturels, l'extraordinaire variété des formes qui s'y trouvent enveloppées, ont contraint les naturalistes modernes à élargir singulièrement la définition de l'espèce. Il faut la considérer d'une façon générale comme constituée par un groupe d'êtres qui peuvent coexister dans l'espace ou se succéder dans le temps. Ordinairement ce groupe est réduit à deux personnages, à deux sexes. Voilà le polymorphisme normal, inhérent à l'espèce, indépendant de toute force physique ; de toute action extérieure : on y voit éclater, en même temps que la fidélité de la nature à ses types choisis, une tendance visible à la variabilité.

les variations peuvent venir du dehors aussi bien que du dedans. Examinons quelles sont les forces externes qui agissent sur l'espèce. Il faut considérer d'abord l'influence du milieu physique. M. Faivre analyse avec grand soin les modifications que le climat, la station, exercent sur les formes végétales ; les plantes ont des formes secondaires, naines, ombreuses, faméliques, frimaires, qui témoignent de la flexibilité organique. L'influence de la température sur le pelage des animaux est bien connue. Les êtres se mettent toujours en harmonie avec la nature physique qui les enveloppe. L'art humain a tiré un merveilleux parti de la flexibilité des organismes vivants. Veut-on agir par exemple sur les végétaux, que de moyens s'offrent à l'horticulteur ! Il modifie d'abord, le pied-mère dont il veut conserver les graines de façon à le rapprocher autant que possible de l'état où il a l'espoir d'amener le jeune plant, par la culture dans un sol plus ou moins fertile, par l'ablation partielle des fleurs et des fruits, qui accumule la sève dans les fleurs ou les fruits réservés, par les gènes physiques, la torsion, la bouture, les incisions. Quelquefois la nature n'attend pas que l'homme la tourmente ; un végétal, un arbuste, est une collection d'individus. L'unité vivante est la feuille, dont la fleur

Auguste Laugel

et le fruit ne sont, comme Goethe l'a compris le premier, que des transformations. On conçoit dès lors que, par suite d'une tendance naturelle au polymorphisme, il se développe spontanément sur un pied des variétés nouvelles. C'est ainsi que le pin sylvestre nain et monstrueux est né fortuitement. Une branche de pin sylvestre ordinaire a été la mère de tous les représentants de cette variété. De Candolle raconte que le marronnier à fleurs doubles, aujourd'hui répandu dans toute l'Europe, naquit accidentellement sur un marronnier des environs de Genève en 1824. L'homme ne profite pas seulement des variétés fortuites ou des altérations que produit un système particulier de culture sur un pied-mère. La fécondation artificielle lui donne un moyen de créer des variétés presque à l'infini. Sa main porte le pollen où elle veut ; forcée dans ses retranchements, la nature, docile, lui livre des fleurs doubles ou pleines, roses, renoncules, anémones, primevères, camellias, chrysanthèmes, véritables fleurs de luxe, enrichies, opulentes, nobles et souvent aussi stériles ; elle lui permet d'essayer toutes les bigarrures et les fantaisies de la couleur, les stries, les ponctuations, les panachures les plus variées. Il suffit de parcourir des serres ou une exposition d'horticulture pour voir tout ce qu'a produit l'intelligence, la patience ou l'imagination des jardiniers.

Nous ne disposons pas de moyens aussi nombreux ni aussi faciles pour ébranler l'espèce dans le règne animal. En agissant sur l'alimentation, sur les habitudes, sur l'activité, sur la procréation, l'homme a produit pourtant toute une faune domestique qui sert à ses principaux besoins. L'art de la sélection, mis en pratique depuis un siècle seulement, a permis de pousser presque jusqu'au raffinement la faculté que nous possédons de modeler les formes organiques. Le cheval de course anglais, par exemple, est un être tout artificiel, si étrange, que la peinture, la sculpture, ne sauraient convenablement s'en approprier les contours élancés et trop tendus. Qui n'a vu dans les fermes-modèles des porcs, des moutons, qui sont comme des caricatures des porcs, des moutons ordinaires ? Les éleveurs réussissent à porter toute l'activité vitale tantôt dans un sens, tantôt dans un autre, ou vers les fonctions de relation, ou vers les fonctions végétatives ; ils font à leur gré du nerf, du muscle, de la graisse. L'éducation vient en aide à la sélection. On sait ce que l'entraînement produit sur les chevaux. L'existence factice imposée aux animaux ne change pas seulement leurs formes, elle agit sur leur précocité, sur leur fécondité. L'espèce, une fois ébranlée, s'ébranle de plus en plus aisément, comme un édifice fissuré. Détournée de ses voies primitives, la nature, semble-t-il, se laisse conduire de plus en plus loin avec une docilité toujours plus grande.

Les preuves de la variabilité des êtres vivants abondent ; mais cette variabilité va-t-elle, peut-elle aller jusqu'à la mutabilité des espèces ? C'est ici que les naturalistes cessent de s'accorder. Les déviations du monde organique sont-elles comparables aux oscillations d'un aimant qui retourne toujours à sa direction, ou les variations sont-elles cumulatives, continues, sans rebroussements ? Grave question, qui reste toujours en suspens. M. Faivre s'attache à la théorie, généralement préférée en France, de l'immutabilité de l'espèce. Dans la doctrine de Darwin, l'espèce n'est autre chose qu'une variété, qu'une race particulière, peu à peu fixée et qui a obtenu la victoire dans la continuelle compétition des êtres. Si la limite entre les espèces n'est point tranchée, on doit s'attendre à retrouver les formes qui ont servi de transition entre les formes primitives et celles qui en sont sorties. « Si l'espèce de l'âne vient de l'espèce du cheval, écrivait déjà Buffon, cela n'a pu être que successivement et par nuances : il y aurait eu, entre le cheval et l'âne, un grand nombre d'animaux intermédiaires, et pourquoi ne verrions-nous pas aujourd'hui les représentans, les descendant de ces espèces intermédiaires ? » N'est-ce point peut-être parce qu'elles étaient intermédiaires, parce que les extrêmes seuls avaient une vitalité spécifique assez résistante ? Les intermédiaires ont été mis au rebut, comme des ébauches devenues inutiles. Au reste, la paléontologie, à mesure qu'elle s'enrichit, comble de nouveaux vides dans les séries des familles animales et végétales. Elle trouve, par exemple, pour ne parler que des mammifères, une foule d'animaux, aujourd'hui disparus, qui ont des caractères mixtes, disparates, empruntés de toutes parts. Si les espèces étaient sans aucun lien, pourquoi ne pourrait-on dans le passé ressaisir des fossiles dont les caractères eussent quelque chose de plus inattendu, de plus exceptionnel ? Si jeune qu'elle soit, la science paléontologique n'a plus guère de surprises. Toutes les formes qu'elle découvre viennent prendre place comme d'elles-mêmes sur les degrés restés vides de la classification rationnelle.

Auguste Laugel

Les ennemis comme les partisans de la doctrine de l'immutabilité de l'espèce reconnaissent sous le nom de *races* des variétés de l'espèce, constantes, perpétuées par la génération, et capables de se féconder par le croisement. La doctrine de Darwin suppose deux choses, en premier lieu que les races se forment spontanément dans la nature, en second lieu qu'elles sont indéfiniment variables. Suivant M. Faivre, rien n'est plus rare, à l'état sauvage ou de nature, que la naissance des races, des variétés. Certains naturalistes ont été jusqu'à dire qu'il n'y a point de races naturelles, que l'homme seul peut, par la domesticité, scinder une espèce en variétés. M. Faivre tire parti, à l'appui de sa thèse, de l'immense extension de certaines espèces. Le tigre royal est resté le même depuis les îles de la Sonde jusqu'au nord de la Sibérie ; les jaguars ne changent pas depuis l'équateur jusqu'au 40ᵉ degré de latitude. On trouve le même cresson de fontaine dans les eaux de Madère, des Canaries et dans celles de la Russie, du Japon. Certaines fougères, certains lichens, semblent des plantes universelles. Que conclut-on de là ? La résistance de l'espèce au changement, aux influences du milieu. Les espèces changent-elles du moins quand l'homme les transporte d'un continent à l'autre ? Parmi les plantes que l'ancien et le nouveau continent ont échangées, M. de Candolle déclare n'en pas connaître une qui, transplantée, soit devenue le point de départ d'une race nouvelle. On a de nos jours fondé des sociétés d'acclimatation ; les enthousiastes ont cru pouvoir renouveler une sorte de paradis terrestre où se retrouveraient réunies toutes les bêtes et toutes les plantes de la création. Étrange illusion ! on n'acclimate que ce qui va au climat. Qu'on essaie donc de faire vivre en Europe les singes des pays chauds ; les plantes tropicales ne viennent que sous les serres étouffantes. Les espèces transportées sur un sol, dans un air nouveaux, soustraites aux influences accoutumées, refusent souvent de se plier à de trop dures tyrannies : elles protestent contre la violence qui leur est faite, se vengent par la stérilité. L'homme cependant triomphe parfois, il fait des races ; mais sa puissance créatrice n'est point sans limites. Les forces qui rendent si difficile la genèse spontanée des races naturelles luttent aussi contre les races artificielles. Disons-le tout de suite, le point faible où la nature les atteint, c'est la fécondité ; dès que l'espèce est ébranlée, il semble qu'il lui devienne plus difficile d'engendrer.

L'impuissance la frappe. Les étalons pur sang sont ceux qui ont le moins de descendants. Toutes les races perfectionnées, poussées et comme forcées dans une direction particulière, deviennent difficiles à propager. Même phénomène parmi les végétaux. « La stérilité, écrit le botaniste Lindley, est une maladie ordinaire aux plantes cultivées. » Les variétés de fruits et de fleurs se propagent non point par des graines, mais par des moyens artificiels, boutures, greffes, et l'on sait qu'à la longue ces procédés entraînent parfois une véritable dégénérescence des races végétales.

Les races créées par l'homme ne sont pas seulement menacées de stérilité, elles ne peuvent se passer de soutiens artificiels. Rendez-les à la vie sauvage, elles perdront promptement les traits dont la domesticité les avait revêtues comme d'une livrée. Le porc retourne au sanglier ; les chiens redevenus sauvages oublient l'aboiement et creusent des terriers ; les lapins retrouvent l'habitude de fouir. Les pigeons, nichant loin des colombiers, reprennent les habitudes du biset. Une race rendue à l'état sauvage redevient-elle toutefois identique à l'espèce d'où primitivement elle est issue ? Pour le croire, il faudrait admettre que les forces peuvent se perdre dans la nature, que l'état présent ne détermine point l'état à venir, que l'hérédité peut dépouiller sa rigueur inexorable. Diverses races domestiques, rendues les unes loin des autres à l'état de nature, se métamorphoseraient en autant de races sauvages, et conserveraient toujours dans leurs traits devenus rustiques la trace de leurs dissemblances actuelles. Il est trop vrai que nos races artificielles n'ont pas grande stabilité : placées loin de leur berceau, elles se déforment et se dégradent rapidement. « Si la culture, écrit Lindley, abandonnait quelques années seulement ses soins artificiels, toutes les variétés annuelles de nos jardins disparaîtraient, et seraient remplacées par quelques formes typiques sauvages. » Sans doute, mais est-on certain que toutes ces formes sauvages auraient eu leurs identiques dans le passé ? Pense-t-on, par exemple, que les nouvelles poires sauvages qui survivraient à la culture seraient les poires sauvages qui l'ont précédée ? Est-on assuré que la nature retourne jamais à un type originel d'où elle s'est une fois écartée de gré ou de force ?

L'hérédité, dit M. Faivre, assure certainement le retour à un type ancien ; comment n'être point frappé par cet étrange

Auguste Laugel

phénomène qu'on nomme l'*atavisme*, c'est-à-dire l'apparition soudaine de caractères qui ont appartenu à des aïeux souvent fort éloignés ? La reproduction des traits propres aux ascendants directs témoigne seulement de la continuité des phénomènes organiques : l'atavisme trahit une obstination latente qui relie la suite des générations. Parmi les descendants d'Henri IV, il s'en retrouvera un après trois siècles qui sera comme le portrait du Béarnais. Assurément ces retours à un passé lointain méritent d'être signalés : ils indiquent une tendance, ils révèlent la fidélité occulte de la nature à ses desseins ; l'atavisme est une force conservatrice, mais elle ne triomphe pas éternellement de tant de forces destructives qui sont les agents de la mobilité organique. L'image des aïeux reparaît un instant comme un spectre, puis s'évanouit.

M. Faivre invoque encore à l'appui de l'immutabilité de l'espèce les lois de l'hybridation. On entend, on le sait, par *hybrides* les individus issus de l'union entre espèces distinctes. On nomme *métis* les produits de l'union entre les individus appartenant à des races distinctes de la même espèce. Dans la nature, les mariages entre espèces différentes sont très rares ; parmi les végétaux, M. Decaisne n'en admet que vingt exemples avérés. Les hybrides animaux sont encore plus exceptionnels. On a vu cependant des croisements entre le chien et le loup, le cheval et le zèbre, le couagga et la jument, et, dans la captivité des ménageries, entre le chacal de l'Inde et celui du Sénégal, le daw et le zèbre, la tigresse et le lion. Autrefois on considérait tous les croisements entre espèces comme frappés de stérilité. Cette opinion n'est plus aujourd'hui soutenable. Dans le monde végétal, il n'y a rien d'aussi facile ni d'aussi commun que les fécondations dans les groupes des primevères, des daturas, des nicotianes, des pétunias, des cucurbitas, des linaires. Les anciens, s'autorisant de la stérilité des mulets, hybrides de la jument et de l'âne, avaient regardé tous les hybrides sans exception comme inféconds ; mais les lois de la reproduction sont moins absolues. Quelquefois l'hybride peut être fécond avec l'un des reproducteurs ; c'est le cas des produits obtenus de l'hémione et de l'ânesse, des hybrides végétaux provenant d'espèces variées de tabacs. Il arrive aussi que les hybrides se fécondent mutuellement et se reproduisent pendant toute une série de générations. Buffon a obtenu jusqu'à quatre générations du chien et de la louve, du chacal et du chien. M. Naudin a vu deux générations hybrides chez les primevères, trois chez les tabacs, cinq chez les linaires. Sur trente-huit hybrides d'espèces qu'il a obtenus et décrits avec grand soin, neuf seulement se sont montrés revêches. La stérilité semblerait presque être l'exception, loin d'être la règle. On sait toutefois que ces mariages successifs ramènent peu à peu les formes organiques, soit à l'une soit à l'autre des formes primitives ; les caractères, un moment confondus, se dissocient ; les éléments discordants se repoussent. Dans l'état présent de la science, on ne peut citer aucune forme hybride qui soit devenue permanente, typique, qui ait pris droit de cité dans la nature.

J'aurai épuisé toutes les raisons qu'on peut invoquer en faveur de la constance des types organiques, si je rappelle que depuis le commencement des temps historiques ils n'ont subi aucune modification. Pour s'en assurer, on peut examiner les musées et les collections les plus anciennes, les herbiers de la fin du XVIe siècle conservés à Upsal et à Bâle, la description de la flore alpine faite par Jean Ray en 1652, les coquilles, les châtaignes, les olives, les noix enfouies en 79 dans les cendres d'Herculanum et de Pompéï, les descriptions anatomiques d'Aristote, de Galien, les graines et les ossements des tombeaux égyptiens, les figures d'animaux et d'oiseaux gravées sur les monuments de la vallée du Nil. Trente siècles n'ont rien changé aux traits du bœuf, du chien, du chat, du singe, de l'ichneumon, du crocodile, de l'ibis, du vautour, du faucon, de l'oie, de l'abeille, du scarabée, du lotos, du papyrus, du froment. Il est vrai que, si les espèces n'ont pas varié depuis trente siècles en Égypte, les conditions de la vie sont restées les mêmes : l'équilibre organique y est demeuré aussi immuable que le régime du Nil. Le monde animal et végétal n'a pas été atteint par les invasions humaines qui s'y sont succédé comme les inondations du fleuve. Il n'est point difficile de trouver des exemples bien plus frappants de la longue durée des espèces, si l'on veut s'enfoncer dans la nuit des temps géologiques. Un savant botaniste de Zurich, M. Heer, a interrogé les débris de certains lignites dont l'origine remonte bien au-delà des temps historiques ; il y a retrouvé toutes les formes alpestres et boréales vivantes de nos jours. Remontons plus haut encore ; tous les géologues savent que parmi les coquilles du terrain tertiaire[1] il y a, en proportion de plus en plus nombreuse à mesure qu'on se rapproche de l'époque moderne, des espèces identiques aux nôtres. Nous sommes forcés de considérer la période historique comme un moment dans l'histoire de notre planète : dès que nous sortons des ères dont l'humanité a compté les années, la mesure du temps devient chose arbitraire.

Quand on l'embrasse dans son cours sans fin, toutes nos mesures sont relatives et ne peuvent s'appliquer au dessein de la nature, qui ne compte ni les jours, ni les années, ni les siècles. Tout ce qui a donc été dit et répété cent fois sur l'étonnante permanence des formes organiques observée en Égypte et ailleurs devient tout à fait insignifiant dès qu'on accorde qu'il y a des espèces qui ne sont point modifiées depuis l'âge pliocène ; mais de ce que certaines espèces ont traversé sans altération des périodes si étendues, qui se dérobent à toute chronologie, qu'en peut-on conclure relativement à l'origine des espèces ? Absolument rien, car, si certaines formes ont duré, d'autres ont disparu ; des espèces nouvelles et en quantités innombrables ont fait leur apparition. Ce qui étonne, ce n'est point de voir durer une espèce, fût-ce un temps prodigieusement long, c'est d'en voir naître de nouvelles. Aussi la paléontologie, qui déroule devant nous une interminable série de figures et qui remet sous nos yeux, resserré dans les bornes étroites de la classification, ce qui a rempli le fond infini des temps, fournit-elle le vrai point de vue pour contempler l'œuvre de la création : si l'on ne regarde qu'au présent, on fait comme celui qui voudrait juger d'un tableau sur un seul trait, d'un opéra sur une mesure.

Reprenons ce vaste problème de l'origine des espèces en ses traits généraux ; il se présente en définitive sous cette forme : y a-t-il, n'y a-t-il pas des espèces ? Ce mot doit-il s'entendre de types inébranlables, immuables, ou ne doit-il s'appliquer qu'à des catégories organiques qui sont assez fixes pour faciliter nos classifications, mais qui n'ont point une fixité absolue ? Le même doute s'applique à ces autres catégories que nous nommons genres et familles. Le monde vivant se transforme-t-il par la

1 Les terrains géologiques les plus récents et immédiatement antérieurs aux temps que les géologues nomment les temps modernes, mais qu'il faut bien se garder de confondre avec les temps historiques, se nomment, les terrains *tertiaires*. Il sont subdivisés en trois grandes formations auxquelles on a donné les noms de formation *éocène*, *miocène* et *pliocène*

création miraculeuse d'espèces nouvelles ou par une insensible et continuelle métamorphose ? L'expérience a jeté peu de lumière sur ce problème. Si les partisans de l'invariabilité des espèces mettent leurs adversaires au défi de produire des espèces nouvelles, ou d'en montrer que la nature ait elle-même tirées d'espèces antérieures, ces derniers peuvent demander à quel moment, en quel pays, on en a jamais vu naître de toutes pièces. Quand une science doctrinaire affirme que le polymorphisme des races a des limites infranchissables, cette affirmation manque de preuves. Tous ceux qui ont étudié les opérations de la nature savent qu'elle ne va point par soubresauts : la vie est une lente addition de forces ; tous ses effets sont cumulatifs. Elle remplace l'atome par l'atome, la molécule par la molécule, l'élément anatomique par l'élément anatomique. L'induction (et puisque l'expérience fait ici défaut, nous ne pouvons guère consulter que l'induction) ne pousse-t-elle pas aussi un esprit logique à la doctrine de la création continue des formes ou types organiques, espèces, genres ou familles ? Il n'est pas indispensable de lier entièrement une semblable théorie à la doctrine de Darwin. On peut admettre, il nous semble même fort probable, que la sélection naturelle n'est point le seul agent de variation dans le monde animé. Il se peut que d'autres forces plus mystérieuses et moins brutales concourent à achever le dessein naturel et à renouveler la face de la terre pendant l'interminable série des siècles. La concurrence des espèces, la bataille de la vie, sont un puissant moyen d'élimination plutôt qu'un instrument créateur. La sélection naturelle conserve, choisit des traits organiques ; pour en expliquer l'origine, il faut descendre aux profondeurs de la vie, interroger les phénomènes étranges de la fécondation sexuelle, chercher dans la genèse même et dans la vie des éléments anatomiques les causes de la flexibilité, de la variabilité innée, qui caractérisent tous les êtres organisés. Comme il arrive presque toujours dans les sciences, c'est en étudiant les phénomènes les plus humbles et les plus vulgaires qu'on arrive à la compréhension des plus difficiles. Le problème de l'origine des espèces a plus de chance d'être résolu d'abord dans le monde végétal que dans le monde animal. Des expériences soutenues et bien dirigées donneront peut-être un jour le secret et les lois de la variabilité végétale : la vie animale est moins obéissante et moins flexible. La difficulté qu'on rencontre à produire des êtres intermédiaires entre ce qu'on nomme les espèces distinctes est l'argument qu'on invoque ordinairement contre la continuité des variations spécifiques. Cette difficulté sera plus promptement levée par les botanistes que par les zoologistes.

Il faut bien comprendre toutefois qu'au bout d'un certain nombre de transformations deux espèces primitivement très rapprochées peuvent se trouver à de telles distances, que tout rapprochement, tout mariage, devienne impossible. Deux courbes qui se touchent à l'origine se trouvent entraînées à une distance infinie l'une de l'autre en vertu des lois contenues dans leur formule analytique. L'impossibilité du mariage entre deux espèces ne démontre pas qu'elles n'aient point une parenté cachée aux profondeurs du passé ; mais, pour faire toucher du doigt cette parenté, il faudrait pouvoir faire remonter chacune d'elles à ses origines en traversant à rebours toute la série des métamorphoses qu'elles ont subies. De semblables retours ne s'opèrent jamais, et la nature ne travaille point à la façon de Pénélope, qui défaisait son propre ouvrage. Le temps d'ailleurs, le temps sans limites, est l'étoffe sur laquelle la force créatrice brode ses ouvrages ; l'homme n'en dispose point, il ne peut donc pas remonter expérimentalement à l'origine des espèces. Il est réduit à interpréter avec sa raison l'œuvre de la nature. Il n'a que des inductions et point de certitudes.

Parmi les inductions qui sont permises, on peut ranger, ce me semble, la possibilité d'une altération accidentelle dans le cours de la reproduction des êtres. Darwin, ainsi que la plupart des savants anglais, a accepté la doctrine géologique de sir Charles Lyell ; il croit que toutes les modifications que notre planète a subies sont dues aux causes que nous voyons encore agir sous nos yeux, et que ces causes n'ont jamais agi avec plus d'énergie que de nos jours. Une lente usure a creusé les vallées ; des mouvements insensibles ont modelé graduellement les continents et fait surgir les systèmes de montagnes. Il est une autre école de géologues qui croit voir dans les hérissements de la surface terrestre la preuve de révolutions aussi terribles que soudaines. Si l'on s'y attache, on introduit forcément dans la discussion de l'origine des espèces un élément nouveau. Quelle perturbation profonde ne causerait pas en effet dans le monde organique une révolution qui changerait sur une partie considérable de la terre la forme du sol, et qui déplacerait le lit des mers ! Du même coup seraient changés et le milieu physique et le milieu organique. La nature, arrachée à son long repos, ne serait-elle pas contrainte à modifier les expressions vivantes de sa puissance créatrice ? Les espèces, outre qu'elles subissent de lentes modifications, traversent donc peut-être des crises subites. Si tout change autour d'elles, comment ne changeraient-elles pas ? Les survivants de ces terribles catastrophes, assistant pour ainsi dire à la naissance d'un monde nouveau, pourraient-ils ne pas se transformer ?

La géologie, la paléontologie, poussent aujourd'hui visiblement la science à la doctrine de la continuité. Les lacunes qui séparent les espèces se remplissent par la découverte de variétés intermédiaires de plus en plus nombreuses, ou vivantes ou fossiles. De même un polygone se rapproche du cercle quand le nombre des côtés s'y multiplie. C'est par centaines de mille, par millions, qu'il faudrait compter sans doute les formes organiques, si la paléontologie pouvait restituer toutes celles d'où la vie s'est retirée : en face de tels chiffres, il semble que la théorie des créations répétées doive se trouver embarrassée. Peut-on croire que tant de types rattachés par tant de liens, de ressemblances et d'affinités, si difficiles souvent à distinguer, soient sortis séparément de la matière amorphe ? Notre vanité aime à imaginer une genèse miraculeuse et directe pour l'espèce humaine ; mais quoi ! faudra-t-il l'admettre aussi pour tant d'espèces chaque jour découvertes ? Les créations ont-elles été innombrables ? La génération spontanée ne s'opère jamais sous nos yeux, même s'il s'agit d'êtres si humbles qu'à peine on sait comment les classer, si dénués de caractères qu'on ne sait comment les décrire, et l'on admettrait la génération spontanée de ces formes supérieures qui s'appellent le lion, le cheval, le tigre ! car la théorie des créations discontinues n'est, sous un autre nom, que celle de la génération spontanée de toutes les espèces. Le problème de l'origine des formes organiques n'est point susceptible d'une solution complète, mais il nous semble que la masse des témoignages, que les expériences partielles faites par l'homme, que le courant général et l'esprit même de la science doivent nous entraîner à la théorie de l'évolution et de la création continues. On a le droit d'affirmer que cette doctrine n'est inconciliable ni

Auguste Laugel

avec celle d'une finalité dans la nature, ni avec une philosophie qui cherche partout une idée, une loi, sous les phénomènes. Si les espèces subissent des modifications, ce ne peut être que sous cette triple influence, l'action du milieu physique, l'action du milieu organique, l'action profonde de la sexualité. Lamarck a prétendu expliquer par la première toutes les transformations de la nature organique, sans cependant méconnaître les solidarités de tous les êtres vivants. Il restera toujours à Darwin le mérite d'avoir analysé la seconde de ces influences : il a introduit dans la science des mots et des idées qui ne se perdront plus. Il a analysé avec une merveilleuse finesse les phénomènes de cette vie multiple, confuse, déchirée par des luttes incessantes ou comprimée par de muettes servitudes, que la sève créatrice entretient incessamment dans le monde organique. Le reproche le plus fondé qu'on puisse faire à sa doctrine, c'est qu'elle est encore incomplète ; elle explique la contagion et le progrès des variations naturelles, elle n'en explique point l'origine. C'est sans doute à la physiologie qu'il appartiendra quelque jour de résoudre ce problème : elle seule, prenant la vie à ses sources mêmes, peut en bien suivre les courants et les déviations. C'est à elle qu'il appartient d'étudier ces lois de l'hérédité qui servent de soutien à toute la doctrine de Darwin, et de démêler les mystérieuses influences qui dans l'acte de la génération lient les éléments mâles aux éléments femelles et font sentir leur empire chez tous les êtres nouveaux. Dans ses traits actuels, la théorie de Darwin n'en forme pas moins déjà un tout compact et solide. Elle offre une trame admirable aux recherches des naturalistes futurs, elle pousse leurs investigations dans des voies nouvelles, et prête un caractère plus philosophique à leurs travaux.

AUGUSTE LAUGEL.

ISBN : 978-1534718722

www.ingramcontent.com/pod-product-compliance
Lightning Source LLC
Chambersburg PA
CBHW070340190526
45169CB00005B/1975

* 9 7 8 1 5 3 4 7 1 8 7 2 2 *